Bibliografische Information der Deutschen Nationalbibliothek:

Die Deutsche Bibliothek verzeichnet diese Publikation in der Deutschen National-
bibliografie; detaillierte bibliografische Daten sind im Internet über http://dnb.d-
nb.de/ abrufbar.

Impressum:

Copyright © 2009 GRIN Verlag, Open Publishing GmbH
Druck und Bindung: Books on Demand GmbH, Norderstedt Germany
ISBN: 9783640600267

Dieses Buch bei GRIN:

http://www.grin.com/de/e-book/149446/quartaere-morphogenese-der-mitteleuro-
paeischen-mittelgebirge

Sebastian Paesold

Quartäre Morphogenese der mitteleuropäischen Mittelgebirge

GRIN Verlag

Friedrich-Schiller-Universität Jena   WiSe 2009/2010

Institut für Geographie

Hauptseminar: Quartärer Klima- und Landschaftswandel Mitteleuropa

Leitung:

Quartäre Morphogenese der mitteleuropäischen Mittelgebirge

Hausarbeit

vorgelegt von:

Sebastian Paesold

Studiengang: Sport/Geographie (LAG)

Semester: 9/3

Abgabedatum: 08.10.2009

Inhalt

1 Einleitung

(GOETHE 1821:284)

Dieses Zitat GOETHES deutet darauf hin, dass die Formenvielfalt der Gebirge schon Anfang des 19. Jahrhunderts Gegenstand der Wissenschaft war, deren Morphogenese jedoch nahezu unbegreiflich schien. Bereits Carl Ritter und Alexander von Humboldt versuchten, „die Formen der Erdoberfläche durch Maße zu kennzeichnen, beiden Männern lag aber eine genetische Morphologie ferne" (PENCK 1894:5). Die Morphogenese wird heute als wissenschaftliches Teilgebiet der Geomorphologie definiert, die sich mit der Entstehung und langzeitlichen Entwicklung der Landformen befasst (AHNERT 2003:20). Dennoch scheint es heute noch, als ob die Landoberfläche und „die wissenschaftliche Kenntnis ihrer Formen, deren Entwicklung und der auf ihnen ablaufenden Prozesse noch recht wenig verbreitet" (AHNERT 2003:12) ist. Die Beseitigung dieses Defizits, bezogen auf das Gebiet der mitteleuropäischen Mittelgebirge, ist daher Gegenstand der vorliegenden Arbeit. Im Mittelpunkt der Untersuchung soll dabei der Frage nachgegangen werden, ob die quartäre Morphogenese im betrachteten Gebiet zufällig ablief oder vielmehr einer verallgemeinerungsfähigen Regelhaftigkeit folgt.

Für die Beantwortung dieser Fragestellung ist mit Blick auf die Länderkarte Europas die horizontale Ausweitung des Untersuchungsgebietes über die Grenzen der heutigen Bundesrepublik Deutschland zwingend notwendig. Des Weiteren sollen im Kontext der obigen Fragestellung auch die, für die Entstehung der unterschiedlichen Oberflächenformen verantwortlichen morphologischen Prozesse, dargestellt werden. Denn erst wenn diese identifiziert sind, „beginnen die geographischen Gemälde gleichsam selbst uns anzureden und die Schicksale der Länderräume zu erzählen" (PESCHEL 1883:5).

Die vorliegende Arbeit gliedert sich in fünf Kapitel. Zunächst soll dargestellt werden, welche Gebiete der mitteleuropäischen Mittelgebirge im Quartär vergletschert waren bzw. unter periglazialen Einfluss standen. Das Periglazialgebiet ist es auch, was im Folgenden im Mittelpunkt der Betrachtungen stehen soll. Im Kontext seiner Charakterisierung stellt sich die Frage nach der räumliche Abgrenzung der periglazialen Zone. Im Anschluss daran sollen typische periglaziale Hang und Talformen der Mittelgebirge vorgestellt werden, deren Entstehung vornehmlich in das Mittel- und Jungpleistozän eingeordnet werden können.

2 Das Klima als dominanter Einflussfaktor auf die Morphogenese

2.1 Geomorphologische Prozesskombinationen in Abhängigkeit des Klimas

Ohne Zweifel war es vor allem JULIUS BÜDEL, der die Klimageomorphologie aus ihrem stiefmütterlichen Dasein befreit hat und das Konzept entwickelte, „dass unter bestimmten klimatischen Bedingungen ganz bestimmte geomorphologische Prozesse vorherrschen" (GOUDIE 2007:52). BÜDEL unternahm den ersten Versuch einer klimatisch-geomoprhologischen Zonierung der Erde, wobei „diese Zonen [...] dadurch definiert sind, dass in jeder von ihnen ein höchst komplexes, von dem dort herrschenden Klima gesteuertes Prozessgefüge herrscht" (BÜDEL 1982:2). Tabelle 1 stellt diesen Versuch der Klassifikation, leicht modifiziert durch WILSON (1968:720) dar. Ganz im Sinne des Aktualismusprinzips nach Hutton gilt für die weiteren Betrachtungen, dass die „vergangenen Entwicklungen in der Erdgeschichte unter den selben Naturgesetzen standen, die auch heute gelten und das sie mit denselben Prozessen abliefen, die wir auch heute beobachten können" (AHNERT 2003:20).

Tabelle 1: Morphogenetic systems of the world (WILSON 1968:720)

System	Dominante geomorphologische Prozesse	Landschaftsmerkmale
1) glazial	Vergletscherung, Schneetätigkeit (Nivation), Windtätigkeit	Glaziale Überformung, alpine Topographie, Moränen, Kames, Esker usw.
2) periglazial	Frosttätigkeit, Solifluktion	Frostmusterböden, Sanebenen, Girlandenböden usw.
3) arid	Austrocknung, Windtätigkeit, Wasserabfluss	Dünen, Salzpfannen, Deflationsbecken
4) semiarid	Wasserabfluss, schnelle Massenbewegungen, mechanische Verwitterung	Sanfte Hänge mit Bodenbedeckung, Kämme und Täler, umfangreiche Flussablagerungen
5) feuchtgemäßigt	Wasserabfluss, chemische Verwitterung, Kriechen (und andere Massenbewegungen)	Sanfte Hänge mit Bodenbedeckung, Kämme und Täler, umfangreiche Flussablagerungen
6) Selva	Chemische Verwitterung, Massenbewegungen, Wasserabfluss	Steile Hänge, messerscharfe Kämme, tiefe Böden (inklusive Laterite), Korallenriffe

Es wird deutlich, dass innerhalb der verschiedenen morphogenetischen Systeme auch verschiedene geomorphologische Prozesse ablaufen. Auf eine ausführliche Darstellung dieser geomorphologischen Prozesse soll an dieser Stelle jedoch verzichtet werden. Da „der Formenschatz ehemals vergletscherter Gebiete im Gegensatz zu dem der ehemals eisfreien Gebiete steht" (BÜDEL 1944:482), soll vielmehr dargestellt werden, welche mitteleuropäischen Mittelgebirge ausschließlich periglazialem Einfluss unterlagen, respektive welche Mittelgebirge auch glazial geprägt wurden.

Im Gebiet des heutigen Frankreichs war das Zentralmassiv als auch die Vogesen vergletschert. Am Grand Ballon (1424m), der höchsten Erhebung der Vogesen, konnte mit Hilfe der Endmoräne in 340m Höhe an der Westseite des Gebirges der längste Gletscher (40km) nachgewiesen werden (MERCIER & JESER 2004:116). Die Endmoränen an den ostexponierten Hängen hingegen lassen darauf schließen, dass deren Gletscher ungleich kleiner waren (ca. 5km).

Im heutigen Gebiet der Bundesrepublik Deutschland war neben dem Schwarzwald und dem Bayrischen Wald auch der Harz vergletschert (LIEDTKE 2003:66). Im Schwarzwald waren die Hochlagen, wie beispielsweise das Gebiet um den Feldberg (1493m), vergletschert. Die Moränen der Gletschervorstöße reichen dabei bis in Höhenlagen von 720m herab (VÖLKEL 1995:13). „In the Bayrischer Wald […] mountain traces of former glaciation have been identified in most areas higher than 1300m. End moraines of the last glaciation reach down to an altitude of 900m" (FIEBIG et al. 2004:147). Lange Zeit wurde des Weiteren vermutet, dass auch das Fichtelgebirge sowie die Schwäbische Alb vergletschert waren. Jedoch konnten diese Vermutungen bisweilen nicht eindeutig belegt werden.

„Mountain ranges within the Czech Republic were glaciated to a very limited extent" (RUZICKA 2004:27). Es muss davon ausgegangen werden, dass weder das Heiligkreuzgebirge (612m) noch das Isergebirge (Tafelstein 1072) vergletschert waren (KLEBELSBERG 1949:660).Im Riesengebirge war die Schneekoppe (1602m) vergletschert. Die größten Gletscher traten dabei an den Südhängen des Riesengebirges auf, deren Endmoränen in ca. 1200 m Höhe lokalisiert werden können (CHAMAL & TRACZYK 1999:11).

In Polen nahm das Eis der Sanian 2 Kaltzeit beinahe das gesamte Gebiet des Landes ein. „The ice passed over the middle mountains of Poland, the highest parts of them being presumably the nunataks. There are no traces of local glaciations in the Polish middle mountains during the Quaternary" (MARKS 2009). Von der Gerlsdorfer Spitze (2655m) flossen Gletscher im letzten Hochglazial bis ca. 1310m hinab (URDEA 2004:306). In der Ukraine ragt der Howerla mit 2061m als höchster Berg der Ukrainischen Karpaten hervor. „Traces of glacier activity such as cirques […] and small end moraine ridges occur at altitudes in the range of 1350 – 1600m" (MATOSHKO 2004:436).

Im nachfolgenden Diagramm werden die eben erwähnten Daten graphisch dargestellt. Neben der höchsten Erhebung des jeweiligen Gebirges ist auch die Höhenlage der Endmoränen eingezeichnet. In Anlehnung an SCHWARZBACH (1974:230) ist weiterhin die zu vermutende Pleistozäne Schneegrenze für die weitere Interpretation der Ergebnisse dargestellt.

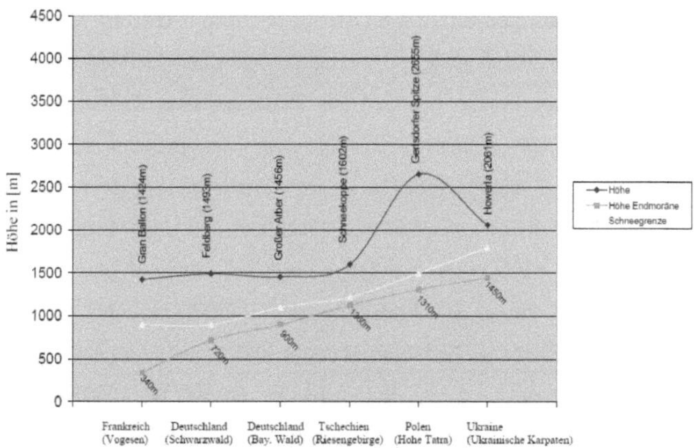

Abbildung 1: Die Vergletscherung der mitteleuropäischen Mittelgebirge

Es wird ersichtlich, dass die Vergletscherung der Mittelgebirge in Westeuropa deutlich ausgeprägter war, als dies im Gebiet des heutigen Osteuropas der Fall war. Die Ursache dafür liegt unter anderem im abgeschwächten Einfluss des Golfstroms auf das Klima während der letzten Kaltzeit (WARRICK et al. 1993:99 f.). Die folglich verhältnismäßig kühlen Temperaturen zur letzten Eiszeit im Westen Mitteleuropas hatten zur Folge, dass die Schneegrenze in den Vogesen auf ca. 900m abfiel (SCHWARZBACH 1974:230, FRENZEL 1967:147 f.). Auch wenn pauschalisierend gesagt werden darf, dass sich der Jahresdurchschnittsniederschlag auf Grund der großen Kälte vor allem im Jungpleistozän verringert hat, fiel im Westen Europas immer noch genügend schneebringender Niederschlag, um diese Vergletscherungen hervorzurufen. Mit zunehmender Kontinentalität nimmt die Vergletscherung mit fallenden Niederschlagsmengen und steigender Schneegrenze nach Osten hin ab. Somit kann die Frage einer verallgemeinerungsfähigen Regelhaftigkeit der Vergletscherung respektive der quartären Morphogenese mitteleuropäischer Mittelgebirge in erster Linie mit Hilfe des westöstlichen –und hypsometrischen Formenwandels beantwortet werden.

Es wurde jedoch bereits angedeutet, dass auch die Exposition des Hangs bzw. die Streichung des Gebirges einen signifikanten Einfluss auf die Morphogenese ausübt (WEISCHET & ENDLICHER 2000:55). Die heute vorherrschenden niederschlagsreichen Westwinde in den mittleren Breiten dominierten auch im Quartär (KLEBELSBERG 1949:435), daher erscheint es nicht verwunderlich, dass die westexponierten Hänge die weitaus mächtigeren Gletscher trugen. Verstärkt wird dieser makroklimatische Faktor weiter durch den Luv – Lee Effekt.

3 Das Periglazialgebiet als Charakteristika der mitteleuropäischen Mittelgebirge

Während für die quartäre Morphogenese des mitteleuropäischen Tieflandes vornehmlich der Frage nachgegangen werden muss, wie weit die skandinavischen Eismassen in das Gebiet vorgedrungen sind, so darf im Hochgebirge die Lage der glazialen Höhenstufe als ein entscheidender Faktor für die Morphogenese im Quartär betrachtet werden (PENCK & BRÜCKNER 1909:2 ff.). Für die zwischen dem Flachland und dem Hochgebirge liegenden Mittelgebirge hingegen, stellt sich die Frage, welches Ausmaß das Periglazialgebiet eingenommen hat. Folgt man der Einteilung der Reliefformen in Abhängigkeit des Höhenunterschieds pro Flächeneinheit nach BARSCH und STÄBLEIN (1978:68), so wird das Mittelgebirge ausschließlich durch eine Reliefenergie von 500 bis 1000 m charakterisiert. Dies bedeutet, dass nur ein geringer Anteil der mitteleuropäischen Mittelgebirge glazial geprägt wurde. Der weitaus größere Teil stand unter periglazialen Einfluss. Die niedrigen Jahresdurchschnittstemperaturen der Glazialzyklen im Quartär führten dazu, dass „das gesamte [nicht vergletscherte] Gebiet zwischen der nordischen Inland- und Alpenvereisung den Wirkungen des Frostklimas ausgesetzt war". (SEMMEL 1994:52). Abbildung 1 stellt diesen Sachverhalt der maximalen Ausbreitung des Periglazialgebiets zur letzten Eiszeit dar (CONCHON et al. 1992:49).

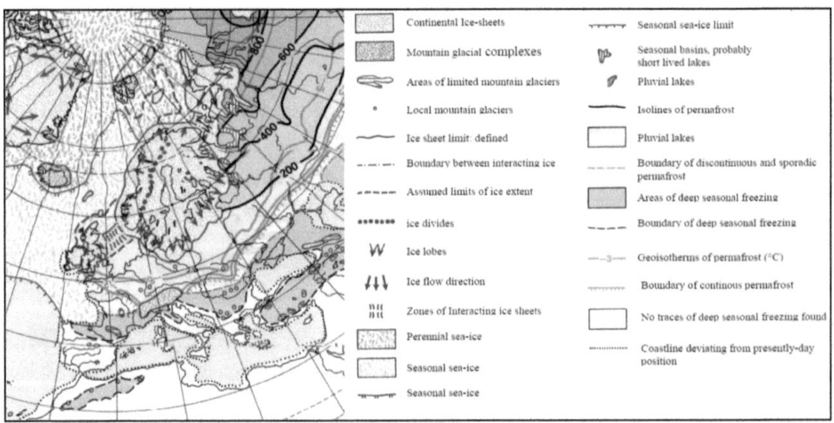

Abbildung 2: Maximale Ausdehnung des Periglazials zur letzten Eiszeit

Für die Abgrenzung der Periglazialen Zone mittels Ober- und Untergrenze schlägt KARTE vor, die „Vergesellschaftung von periglaziären Formen und die Verbreitungsgrenzen von periglaziären Formengesellschaften" (1979:104 f.) als Kriterium heranzuziehen. Vor diesem Hintergrund soll zunächst eine Charakterisierung des Periglazials erfolgen, bevor die Leitformen, die der räumlichen Abgrenzung des Periglazials dienen, vorgestellt werden.

<u>3.1 Charakterisierung der periglazialen Zone</u>

LOZINSKI führte 1909 den Begriff Periglazial in die Literatur ein und bezeichnet damit etwas unglücklich ein Gebiet, das im Umland der Gletscher liegt (LOZINSKI 1909:10f.). Periglazialgebiete sind jedoch „nicht von Gletschern abhängig […], das heißt periglaziale Gebiete sind nicht eisbedingt, sondern klimabedingt" (WEISE 1983:1). AHNERT (2003:142) charakterisiert daher Periglazialgebiete anhand folgender morphoklimatischen Kennzeichen. Zum einen muss die Jahresmitteltemperatur unter 0°C liegen, zum anderen wird ausreichend sommerliche Wärme benötigt, damit die Bildung von Gletschern vermieden wird. WEISE (1983:1f.) leitet anhand der oben genannten morphoklimatischen Kennzeichen drei, für die periglaziale Zone charakteristischen Kriterien ab, welche im Nachfolgenden dargestellt werden sollen.

Den dominanten Verwitterungsprozess stellt die *Frostsprengung* dar (WEISE 1983:1f; BÜDEL 1938:9), da sie besonders „dort sehr intensiv ist, wo Wasser episodisch gefriert und taut" (PRESS & SIEVER 2008:432). Eigens die für das Quartär charakteristischen Wechsel zwischen Glazial- und Interglazialzyklen ermöglichten diese klimatischen Bedingungen und führten zu zahlreichen Frost-Tau-Zyklen. Als Zeugen dieser Wirkung des pleistozänen Frostklimas werden vor allem fossile Frostbodenphänomene und Schuttdecken angesehen (SEMMEL 1994:53), aber auch Flussterassen mitteleuropäischer Flüsse, die „vorwiegend in den Kaltzeiten […] aufgeschottert wurden" (WOLDSTEDT 1969:38).

Solifluktion stellt einen der wichtigsten periglazialen Prozesse dar. Das Vorkommen ist jedoch nicht essentiell notwendig für die Kennzeichnung der Periglazialzone (WEISE 1983:2), da Solifluktion nicht auf Flächen mit sehr geringer Hangneigung (< 2 Grad) auftritt (AHNERT 2003:144). Das Vorhandensein von *Permafrost* stellt dabei keine unabdingbare Voraussetzung für Solifluktionsvorgänge dar, „es genügt auch ein noch nicht voll aufgetauter Winterfrostboden" (WEISE 1983:86). Jedoch weist REICHMANN (1978:411) darauf hin, dass Solifluktion in der Auftauzone über Permafrost am Weitesten verbreitet und am wirksamsten ist. Da für die Solifluktion nicht nur die Richtung, sondern vor allem die Größe der Schwerkraft entscheidend ist, gelangt BÜDEL (1982:84f.) zur der Erkenntnis, dass die wirklich weite Verbreitung typisch periglazialer Reliefformung „wohl nur auf Hängen der Frostschutzzone möglich sei" (SEMMEL 1994:36).

Als wesentliches Merkmal periglazialer Prozesse gelten Formen der Bodenmusterung, die seit TROLL (1944:547) unter dem Sammelbegriff *Frostmusterböden* zusammengefasst werden. Anhand von Sortierungserscheinungen des Bodenmaterials werden Frostmusterböden unterschieden in Strukturböden und Texturböden. Während Strukturböden ein sortiertes

Korngrößenspektrum aufweisen, besitzen Texturböden „ein homogenes, meist feinkörniges Substrat und weisen keine Sortierung auf" (WEISE 1983:64). Auf eine ausführliche Darstellung der Entstehung von Frostmusterböden sei an dieser Stelle verzichtet. Dennoch muss in Hinblick auf die räumliche Abgrenzung des Periglazialgebiets darauf hingewiesen werden, dass die jeweiligen Ausprägungen der Frostmusterböden einerseits von der Hangneigung des Geländes abhängig ist, andererseits aber auch von der vorherrschenden Vegetation. Strukturböden als auch Texturböden kommen „als Ringe, Polygone und Netze auf ebenem Gelände bis max. ca. 2° Neigung" (WEISE 1983:64) vor. Mit zunehmendem Gefälle hingegen wird der Einfluss der Solifluktion größer und es entstehen Stufen und Streifen, die BÜDEL (1981:69), als Halbmonde und Kometenschweife bezeichnet (Abbildung 3). Innerhalb der Frostschutzzone, die nach BÜDEL (1982:49) keine oder nur sehr schütterne Vegetation besitzt, dominieren Frostmusterböden. Sobald jedoch die Frostschutzzone in die „Moostundra" übergeht, dominieren [...] Formen, die durch das frostdynamische Zerreißen der Vegetationsdecke bedingt sind (SEMMEL 1994:38). Weit verbreitet sind beispielsweise so genannte Steinstreifen,

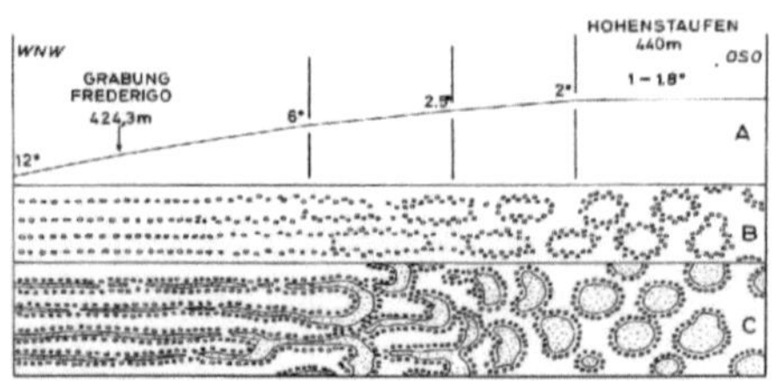

Abbildung 3: Übergang von Kryoturbations- zu Solifluktionsstrukturen (BÜDEL 1982:69)

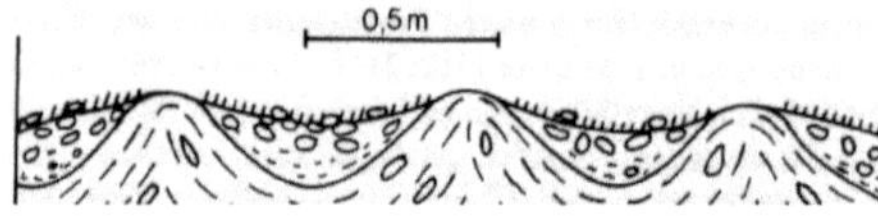

Abbildung 4: Steinstreifen (SEMMEL 1994: 38)

wie sie Abbildung 4 zeigt.

3.2 Räumliche Abgrenzung der periglazialen Höhengrenze mit Hilfe von Leitformen

Eine räumliche Abgrenzung des Periglazials und damit periglaziale Ober- und Untergrenzen festzulegen, erwies sich in der Vergangenheit als durchaus problematisch. Als ungeeignete Abgrenzungskriterien müssen beispielsweise Vegetationsformen oder Klimawerte angesehen werden, da sie „ganz unterschiedlich auf räumliche und zeitliche Veränderungen der Milieubedingungen reagieren" (KARTE 1979:99 f.). Für die Obergrenze der periglazialen Höhenstufe und deren Abgrenzung schlägt KARTE (1979:97) die klimatische Schneegrenze vor. Gegen ihre Verwendung sprechen jedoch beispielsweise periglazial geformte Gebirgsteile (Nunatakker), welche die Gletscher höhenwärts überragen. Nach WEISE stellt die Vereisungsgrenze ein praktikables Kriterium für die um die Abgrenzung der Obergrenze dar, denn „wo Gletscher liegen gibt es kein Periglazial" (1983:160). Die Festlegung der periglazialen Untergrenze erfolgt mit Hilfe der Strukturbodenuntergrenze, „sie ist die Grenzlinie, die in einem größeren Gebiet die untersten Vorkommen von frostbedingten Sortierungserscheinungen verbindet, wobei von vereinzelten, tiefer liegenden Formen abgesehen wird" (WEISE 1983:158). Für die räumliche Ausdehnung der periglazialen Zone ist nicht der einzelne periglaziale Formentyp als Abgrenzungskriterium entscheidend, sondern viel mehr das räumlich vergesellschaftliche Auftreten derer. Zu einer solchen periglazialen Formengesellschaft gehören „mindestens zwei genetisch unterschiedliche, regelhafte, eindeutig identifizierbare Formentypen, die innerhalb einer gewissen Entfernung räumlich nebeneinander auftreten" (WEISE 1983:160). Definiert wird diese Entfernung dabei durch eine Vertikaldistanz von maximal 50 Metern und eine Horizontaldistanz von maximal 250 Metern. Nur so kann sichergestellt werden, dass die Abgrenzung der periglazialen Zone nicht nur „auf einseitig klimatisch oder aklimatischen begünstigten Formentypen beruht" (KARTE 1979:105).

4 Quartäre periglaziale Bildungen in den Mittelgebirgen

In Mitteleuropa werden Dellen als typische periglaziale Hangformen angesehen. „Sie sind das Ergebnis eines hier auf einer längeren Strecke zeitlich wechselnden Übergewichts zwischen flächenhafter Böschungsabtragung durch Solifluktion einerseits und linienhafter Abtragung durch gesammelten Schmelzwasserabfluss andererseits" (LOUIS & FISCHER 1979:249). Echte periglaziale Dellen zeichnen sich vor allem durch die Einlagerung von Solifluktionsschutt und Löss aus, auf denen u. a. Braunerden entwickelt sind. Des

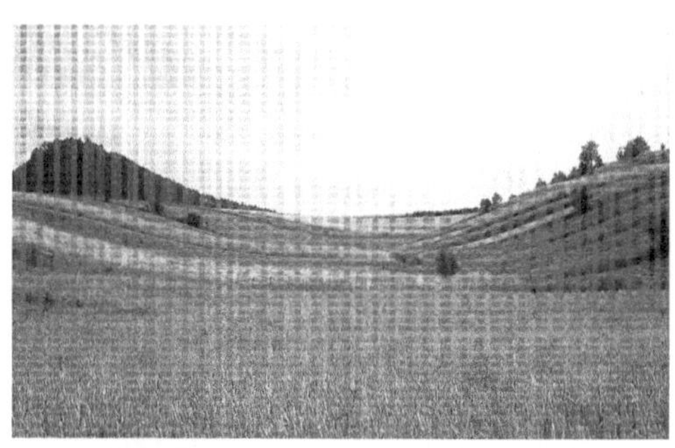

Abb. 5: Delle bei Lindelbrunn im Dahner Felsenland (AHNERT 2003:146)

Weiteren zählen zu den bedeutendsten periglazialen Hangformen in den mitteleuropäischen Mittelgebirgen neben den bereits vorgestellten Formen der Frostmusterböden vor allem periglaziale Deckschichten (SEMMEL 1994:52; VÖLKEL 1995:3). Taut im Sommer der obere Teil (active layer) des Permafrost auf, beginnt aufgrund des hohen Wassergehalts und Feinmaterialanteil der Prozess der Solifluktion bzw. der ungebundenen Solifluktion und das Material fließt auf den Hängen mit einer Hangneigung < 25° (HÖLLERMANN 1964:67) talwärts. Es entstehen somit inhomogene Bodenschichten, deren Material aus unterschiedlichen Verwitterungsprodukten und auch völlig ortfremden Material (Löss) besteht.

Durch die Vorgänge der Hangabtragung erhielten die Flüsse der Frostschutzzone kontinuierlich Materialzufuhr (BÜDEL 1981:78). Da neben feinem Material auch große Mengen an Schutt akkumuliert wurden, werden die Talböden ehemals periglazial geformter Täler Mitteleuropas von Schotter bedeckt. Da sich die Flüsse im ehemals nicht vereisten Gebiet Mitteleuropas sehr rasch und energisch in die Tiefe erodierten, bildeten sich an den Hängen Schotterterrassen (SEMMEL 1985:79). Dabei darf davon ausgegangen werden, dass die Akkumulation dieser Kiese, ähnlich wie die der Niederterrassen in den Talböden, unter periglazialen Bedingungen aufgrund der merklich erhöhten Transportfähigkeit der Flüsse erfolgte (LOUIS & FISCHER 1979:254).

5 Zusammenfassung

Es wurde einleitend darauf hingewiesen, dass es das vornehmliche Ziel dieser Arbeit sein soll, der Frage nachzugehen, ob die quartäre Morphogenese im betrachteten Gebiet zufällig ablief oder vielmehr einer verallgemeinerungsfähigen Regelhaftigkeit folgt. In Kapitel zwei konnte gezeigt werden, dass sich die periglaziale Höhenstufe mit zunehmender Kontinentalität auf Grund eines multifaktoriellen Ursachengefüges in höhere Lagen verschiebt. Da die geomorphologischen Prozesse, welche die Morphogenese primär beeinflussen, davon abhängig sind, ob das Gebiet im Quartär Glazial -oder Periglazialgebiet war, kann die Frage einer Regelhaftigkeit der Morphogenese mit Hilfe des westöstlichen –und hypsometrischen Formenwandels beantwortet werden. Während die westlichen Mittelgebirge Mitteleuropas aufgrund ihrer großflächigen Vergletscherung hauptsächlich glazial geprägt wurden, kann die heutige Gestalt der weiter im Osten liegenden Mittelgebirge primär anhand der dominanten geomorphologischen Prozesse des Periglazials erklärt werden. Jedoch muss auch die Exposition des Hanges, bzw. die Streichung des Gebirges berücksichtigt werden, da ebenfalls gezeigt werden konnte, dass die westexponierten Hänge die weit aus größeren Gletscher im Quartär besaßen. Die Solifluktion stellt in Hinblick auf die Morphogenese im Periglazialgebiet den wohl wichtigsten geomorphologischen Prozess dar, der in Abhängigkeit der Hangneigung für die Entstehung verschiedener Formen der Frostmusterböden verantwortlich ist. Heute zählen vor allem Dellen und periglaziale Deckschichten, sowie Schotterterrassen als Zeugen der periglazialen Vergangenheit.

Literatur

AHNERT, F. (2003³): Einführung in die Geomorphologie. Stuttgart: Verlag Eugen Ulmer.

BARSCH, D. (1977): Das Geomorphologische Symposium der Akademie der Wissenschaften in Göttingen vom 19. bis 23.9.76. In: CAILLEUX, A, CLAYTON, K. – M., FAIRBRIDGE, R.- W., FINK, J., LOUIS, H., MACAR, P., MENSCHING, H., RATHJENS, C., RUDBERG, S., SOLÉ-SABARIS, L., ZONNEVELD, J. – I. – S. & H. BREMER (Hrsg.): Zeitschrift für Geomorphologie. Band 21. Berlin: Bornträger, S.223 -227.

BARSCH, D. & G. STÄBLEIN (1978): EDV gerechter Symbolschlüssel für die geomorphologische Detailaufnahme. In: STÄBLEIN, G. (Hrsg.): Berliner Geographische Abhandlungen. Geomorphologische Detailaufnahme. Heft 30. Berlin: Selbstverlag des Institutes für Physische Geographie der Freien Universität Berlin, 63 – 78.

BUONCRISTIANI, J.-F. & M. CAMPY (2004): Palaeogeography of the last two glacial episode in the Massif Central. In: ROSE, J. (Hrsg.): Development in Quaternary Science 2. Quaternary Glaciations – Extent and Chronology. Part 1: Europa. Amsterdam: Elsevier, 111 – 112.

BÜDEL, J. (1937): Eiszeitliche und rezente Verwitterung und Abtragung im ehemals nicht vereisten Teil Mitteleuropas. – Petermanns Geographische Mitteilungen. Ergänzungsheft 229, 1 – 71.

BÜDEL, J. (1944): Die morphologischen Wirkungen des Eiszeitklimas im gletscherfreien Gebiet. - Geologische Rundschau, 34, 7/8, 482 – 519.

BÜDEL, J. (1981²): Klima Geomorphologie. Berlin: Borntraeger.

CHMAL, H. & A. TRACZYK (1999): Die Vergletscherung des Riesengebirges. In: KOSTRZEWSKI, A. & H. HAGEDORN (Hrsg.): Zeitschrift für Geomorphologie. Vergletscherung in europäischen Mittelgebirgen. Supplementband 113. Berlin: Borntraeger, 11 – 17.

CONCHON, O., FULTON, R., FAUSTOVA, M.- A., ISSAYEVA, L. – L., MOJSKI, J. – E., PORTER, S. – C., SPASSKAYA, I. – I., TIMIREVA, S. – N., VELICHKO, A. – A., ZAGWIJN, W., BAULIN, V. – V., DANILOVA, N. – S., NECHAYEV, V. – P., PÉWÉ, T. – L. & A. – A. VELICHKO (1992): Glaciation and Permafrost. Maximum cooling of the last Glaciation. In: FRENZEL, B., PÉSCI, M. & A. – A. VELICHKO (Hrsg.): Atlas of Paleoclimates and Paleoenvironments of the northern Hemisphere. Late Pleistocene – Holocene. Budapest: Geographical Research Institute, 49.

FRENZEL, B. (1967): Die Klimaschwankungen des Eiszeitalters. Braunschweig: Friedrich Vieweg & Sohn.

FIEBIG, M., BUITER S. & D. ELLWANGER (2004): Pleistocene glaciations of South Germany. In: ROSE, J. (Hrsg.): Development in Quaternary Science 2. Quaternary Glaciations – Extent and Chronology. Part 1: Europa. Amsterdam: Elsevier, 147 – 154.

GOETHE, J. – W. (1821): Wilhelm Meisters Wanderjahre oder die Entsagten. Zweiter Teil. Stuttgart: Gotta´sche Buchandlung.

HÖLLERMANN, P. (1964): Rezente Verwitterung, Abtragung und Formenschatz in den Zentralalpen am Beispiel des oberen Sildentales – In: MORTENSEN, H. (Hrsg.): Zeitschrift für Geomorphologie. Supplementband 4. Berlin: Bornträger, 1 – 254.

KARTE, J. (1979): Räumliche Abgrenzung und regionale Differenzierung des Periglaziärs. Paderborn: Ferdinand Schöningh Verlag.

KLEBELSBERG, R. (1949): Handbuch der Gletscherkunde und Glazialgeologie. Zweiter Band. Historisch – Regionaler Teil. Wien: Springer Verlag.

LAUTENSACH, H. (1952): Der Geographische Formenwandel. Studien zur Landschaftssystematik. Bonn: Dümmlers Verlag.

LIEDTKE, H. (2003): Deutschland zur letzten Eiszeit. In: LEIBNITZ-INSTITUT FÜR LÄNDERKUNDE (Hrsg.): Nationalatlas Bundesrepublik Deutschland. Relief, Boden und Wasser. Band 2. Heidelberg: Spektrum Akademischer Verlag, 66 – 67.

LOUIS, H. & K. FISCHER (1979^4): Lehrbuch der Allgemeinen Geographie. Allgemeine Geomorphologie. Berlin: Walter de Gruyter.

LOZINSKI, W. (1909): Über die mechanische Verwitterung der Sandsteine im gemäßigten Klima. – Bulletin International de l`Académie des Sciences de Cracovie. Classe des Science Mathematique et Naturelles 1. Krakau: Akademie der Wissenschaften Krakau.

MARKS, L. (2009): Pleistocene glacial limits in Poland. Schriftliche Mitteilung (2009-08-26).

MARKS, L. (2004): Pleistocene glacial limits in Poland. In: ROSE, J. (Hrsg.): Development in Quaternary Science 2. Quaternary Glaciations – Extent and Chronology. Part 1: Europa. Amsterdam: Elsevier, 295 – 300.

MATOSHKO, A. - V. (2004): Pleistocene glaciations in the Ukraine. In: ROSE, J. (Hrsg.): Development in Quaternary Science 2. Quaternary Glaciations – Extent and Chronology. Part 1: Europa. Amsterdam: Elsevier, 295 – 300.

MENSCHING, H. (1976): Morphodynamik im Hochgebirge. In: ZENTRALVERBAND DER DEUTSCHEN GEOGRAPHEN (Hrsg.): Verhandlungen des Deutschen Geographentages. Tagungsbericht und wissenschaftliche Abhandlungen. Band 40. Wiesbaden: Steiner, 383 – 385.

MERCIER, J. – L. & J. NATACHA (2004): The glacial history of the Vosges Mountains. In: ROSE, J. (Hrsg.): Development in Quaternary Science 2. Quaternary Glaciations – Extent and Chronology. Part 1: Europa. Amsterdam: Elsevier, 113 – 119.

PENCK, A. (1894). Morphologie der Erdoberfläche. Erster Teil. Stuttgart: Verlag von J. Engelhorn.

PENCK, A. & E. BRÜCKNER (1909). Die Alpen im Eiszeitalter. Band 1. Die Eiszeiten in den nördlichen Ostalpen. Leipzig: Tauchnitz Verlag.

PESCHEL, O. (1883^4): Neue Probleme der Vergleichenden Erdkunde als Versuch einer Morphologie der Erdoberfläche. Leipzig: Verlag von Duncker & Humblot.

PRESS, F. & R., SIEVER (2008^5): Allgemeine Geologie. Spektrum Akademischer Verlag.

REICHMANN, H. (1978): Kriechen, Solifluktion, Gelifluktion, Kongelifluktion. Ein terminologischer Irrgarten. – Geologisches Jahrbuch Hessen 106,1, 409 – 418.

RUZICKA, M. (2004): The Pleistocene glaciation of Czechia. In: ROSE, J. (Hrsg.): Development in Quaternary Science 2. Quaternary Glaciations – Extent and Chronology. Part 1: Europa. Amsterdam: Elsevier, 27 - 34.

SCHWARZBACH, M. (1974): Das Klima der Vorzeit. Eine Einführung in die Paläoklimatologie. Stuttgart: Ferdinand Enke Verlag.

SEMMEL, A. (1994²): Periglazialmorphologie. Darmstadt: Wissenschaftliche Buchgesellschaft.

TROLL, C. (1944): Strukturböden, Solifluktion und Frostklimate der Erde. – Geologische Rundschau 34, 7, 545-694.

URDEA, P. (2004): The Pleistocene glaciation of the Romanian Carpathians. In: ROSE, J. (Hrsg.): Development in Quaternary Science 2. Quaternary Glaciations – Extent and Chronology. Part 1: Europa. Amsterdam: Elsevier, 301 – 308.

VÖLKEL, J. (1995): Periglaziale Deckschichten und Böden im Bayrischen Wald und seinen Randgebieten als geogene Grundlagen landschaftsökologischer Forschung im Bereich naturnaher Waldstandorte. - Zeitschrift für Geomorphologie 45, Supplementband 96, 1 – 191.

WARRICK, R., E. BARROW & T. – M. WIGLEY (1993): Climate and Sea Level Change. Obervations, Projection and Implications. Cambridge: Cambridge University Press.

WEISCHET, W. & W. ENDLICHER (2000): Regionale Klimatologie. Teil 2. Die Alte Welt. Stuttgart: B.G. Teubner.

WILSON, L. (1968): Morphogenetic classification. In: Fairbridge, R. – W. (ed.): Encyclopedia of geomorphology. New York: Reinhold, 717 – 729.